浪花朵朵

出生

NAISSANCE

DÉCOUPES ET ANIMATIONS POUR EXPLORER LES ORIGINES DE LA VIE

在我们来到这世界之前

[法]埃莱娜·德鲁韦尔 著绘
陈潇 译

海峡出版发行集团 THE STRAITS PUBLISHING & DISTRIBUTING GROUP | 海峡书局

女性生殖系统主要由子宫、输卵管、两个卵巢和阴道组成。**卵巢**中有200万个卵母细胞，但只有400个会发育成熟，成为卵细胞（也称卵子或卵）。

卵细胞是女性生殖细胞，它是人体最大的细胞，细胞核包含遗传信息，细胞质富含营养。女性出生时，卵巢中就有卵细胞，但直到**青春期**，大约12—14岁，卵细胞才会成熟。此后每月一次，一颗成熟的卵泡破裂，卵子从卵巢排出，落入腹腔，这一过程叫作**排卵**。女性到50岁左右，卵巢功能退化，不再排卵。

在排卵的过程中，卵子与男性生殖细胞精子结合，形成受精卵的过程叫作**受精**。卵子要在排卵后24小时内完成受精过程，否则卵子就会破裂，子宫内膜坏死脱落，引起出血，形成月经。如果卵子成功受精，那么一场伟大的冒险就会由此开始。

生殖系统

男性生殖系统主要由阴茎、睾丸和阴囊组成。

精子是男性生殖细胞，在睾丸中受阴囊保护。从青春期开始，睾丸可以一直排出精子。精子头部包含遗传信息，尾部可以让精子游动起来。精子需要77天才能发育成熟，成熟后的精子是**精液**的主要成分。

男性和女性发生了肢体上的亲密接触，男性的阴茎肿胀、变硬，继而滑入女性的阴道。在性交过程中，男性的阴茎在女性的阴道内喷射出精液，即**射精**。每次射精可以排出2.5亿个精子，但只有一个精子可以使卵子受精……

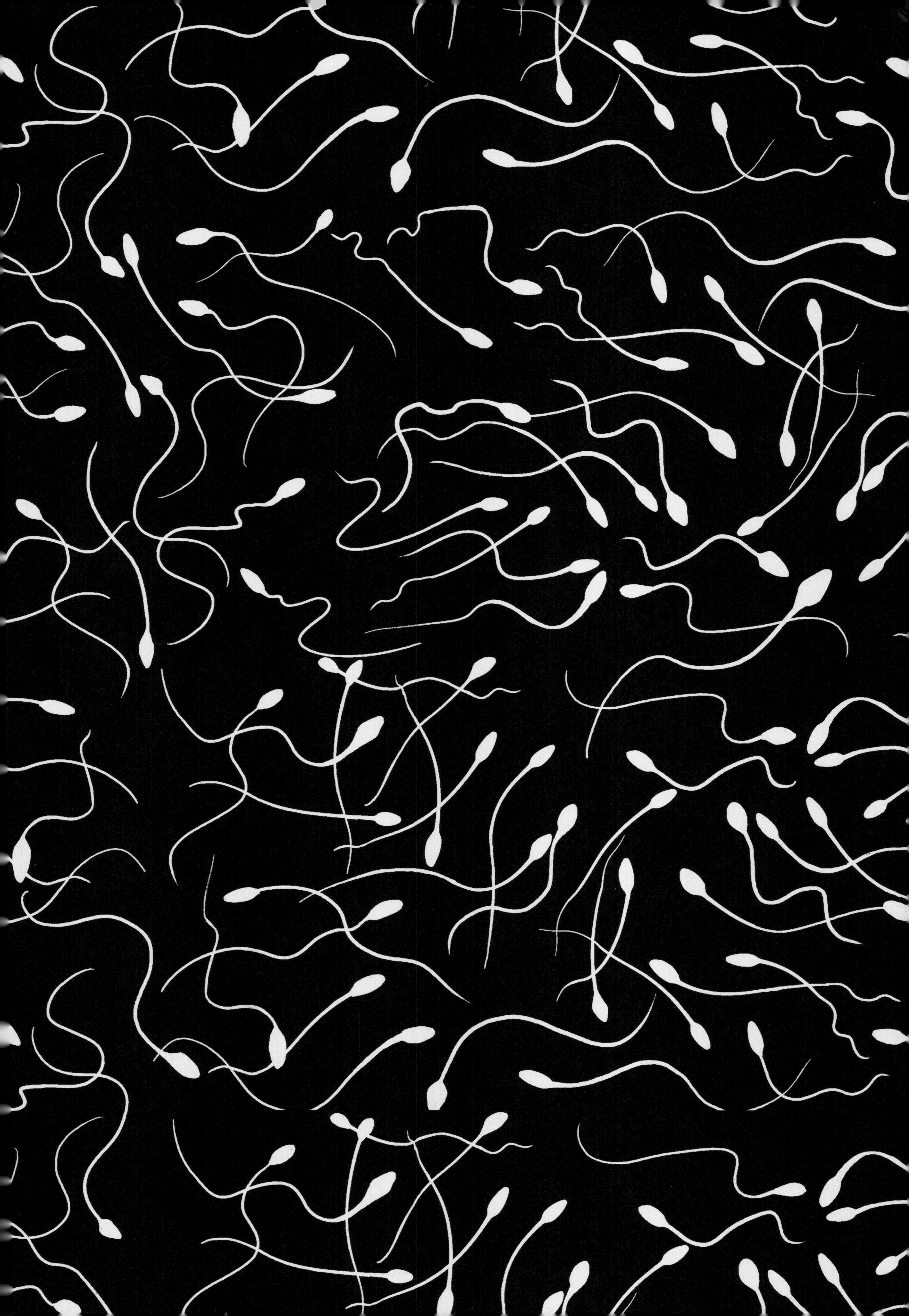

献给我肚子里的女儿。

你将与这部绘本同时来到这个世界……

埃莱娜·德鲁韦尔

图书在版编目（CIP）数据

出生 / (法) 埃莱娜·德鲁韦尔著绘 ; 陈潇译. --
福州 : 海峡书局, 2022.3
ISBN 978-7-5567-0894-9

Ⅰ. ①出… Ⅱ. ①埃… ②陈… Ⅲ. ①生命科学 – 通
俗读物 Ⅳ. ①Q1-0

中国版本图书馆CIP数据核字(2022)第014099号

出 版 人　林　彬
出版统筹　吴兴元
责任编辑　廖飞琴　魏　芳
营销推广　ONEBOOK

选题策划　北京浪花朵朵文化传播有限公司
编辑统筹　尚　飞
特约编辑　周小舟
装帧制造　墨白空间·李　易

出生

著 绘 者　[法] 埃莱娜·德鲁韦尔
译　　者　陈潇
出版发行　海峡书局
地　　址　福州市白马中路15号海峡出版发行集团2楼
邮　　编　350001
印　　刷　鹤山雅图仕印刷有限公司
开　　本　787mmx1092mm 1/8
印　　张　6.75
字　　数　52千字
版　　次　2022年3月第1版
印　　次　2022年12月第2次
书　　号　ISBN 978-7-5567-0894-9
定　　价　168.00元

读者服务：reader@hinabook.com 188-1142-1266　投稿服务：onebook@hinabook.com 133-6631-2326
直销服务：buy@hinabook.com 133-6657-3072　网上订购：https://hinabook.tmall.com/（天猫官方直营店）

生殖系统

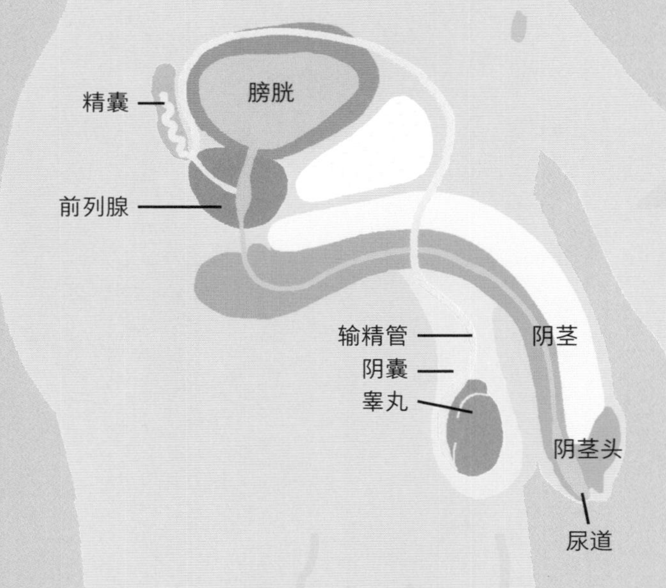

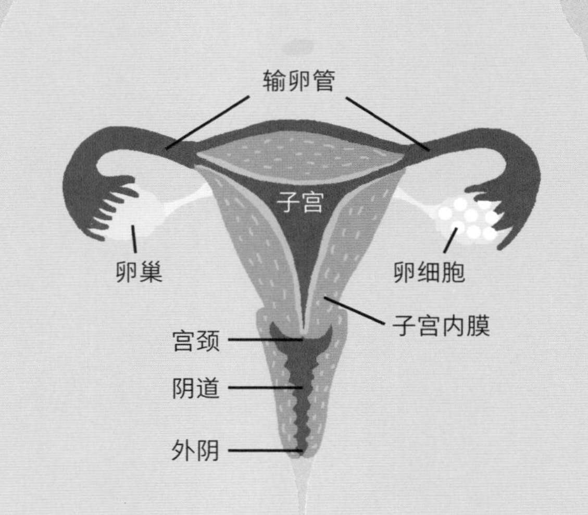

精子之间开始疯狂角逐，只有坚持最久、跑得最快的精子——大约一百个——会到达子宫内部。它们首先穿过保护宫颈的宫颈粘液，然后向上移动来到**输卵管**。

如果正好赶上**排卵期**，它们会在输卵管遇上卵子，但是精子也可以在输卵管里等上3—5天。

受精

如图所示，精子穿越放射冠，溶解卵子四周的透明带。然后，它必须刺穿坚硬的卵膜。第一个进入并接触卵核的精子将使卵细胞受精，之后会产生一系列迅速的化学反应（即透明带反应），其他精子就无法再穿透卵细胞膜了。

一旦成功进入卵细胞，精子就失去了小尾巴。它的头部释放出细胞核，与卵细胞的核相遇并融合。一个新的细胞就此诞生。

受精卵携带着独一无二的**遗传信息**，即未出生婴儿的遗传信息。

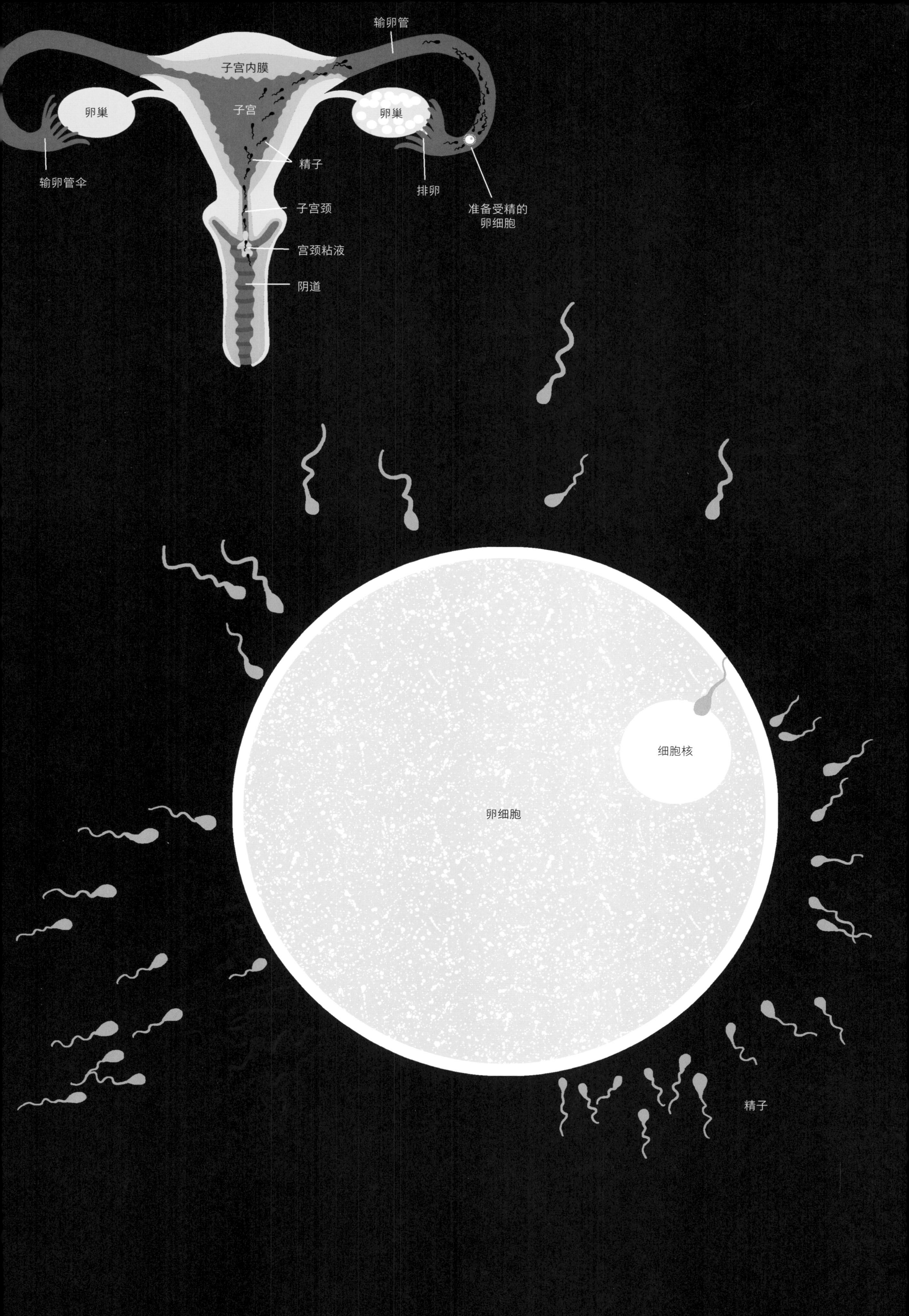
输卵管
子宫内膜
卵巢
子宫
卵巢
精子
输卵管伞
排卵
子宫颈
准备受精的
卵细胞
宫颈粘液
阴道
细胞核
卵细胞
精子

两个细胞核融合后的受精卵包含**23对染色体**，其中23条染色体来自父亲（它们之前储存在精子的头部），另外23条染色体来自母亲。

接下来的24小时内，将发生第一次细胞分裂：单细胞分裂成两个一模一样的细胞。受精卵经过反复的卵裂，会形成多个子细胞。受精卵发育成由32个细胞组成的细胞团，称作桑椹胚。

在细胞分裂过程中，输卵管（约15厘米长）黏膜上皮纤毛推动着受精卵前行，受精卵就这样缓缓回到子宫内部。受精后第一周，受精卵将在子宫内壁选择最有利的位置着床。

在之后的9个月中，受精卵不断生长发育。孕期由此开始。

细胞分裂

接下来几周，最初所有相同的细胞会分化为三组：第一组将发育成眼睛、耳朵和神经系统；第二组将发育成肌肉、骨骼和血管；最后一组将发育成消化道和肺部。

受精卵发育成**胚胎**。宫颈粘液栓堵在宫颈口，保护胚胎免受细菌侵害。

有时，一个小小的异物就会影响胚胎的正常发育，甚至会导致**流产**。流产则意味着母亲的身体将排出这个已经停止发育的胚胎。

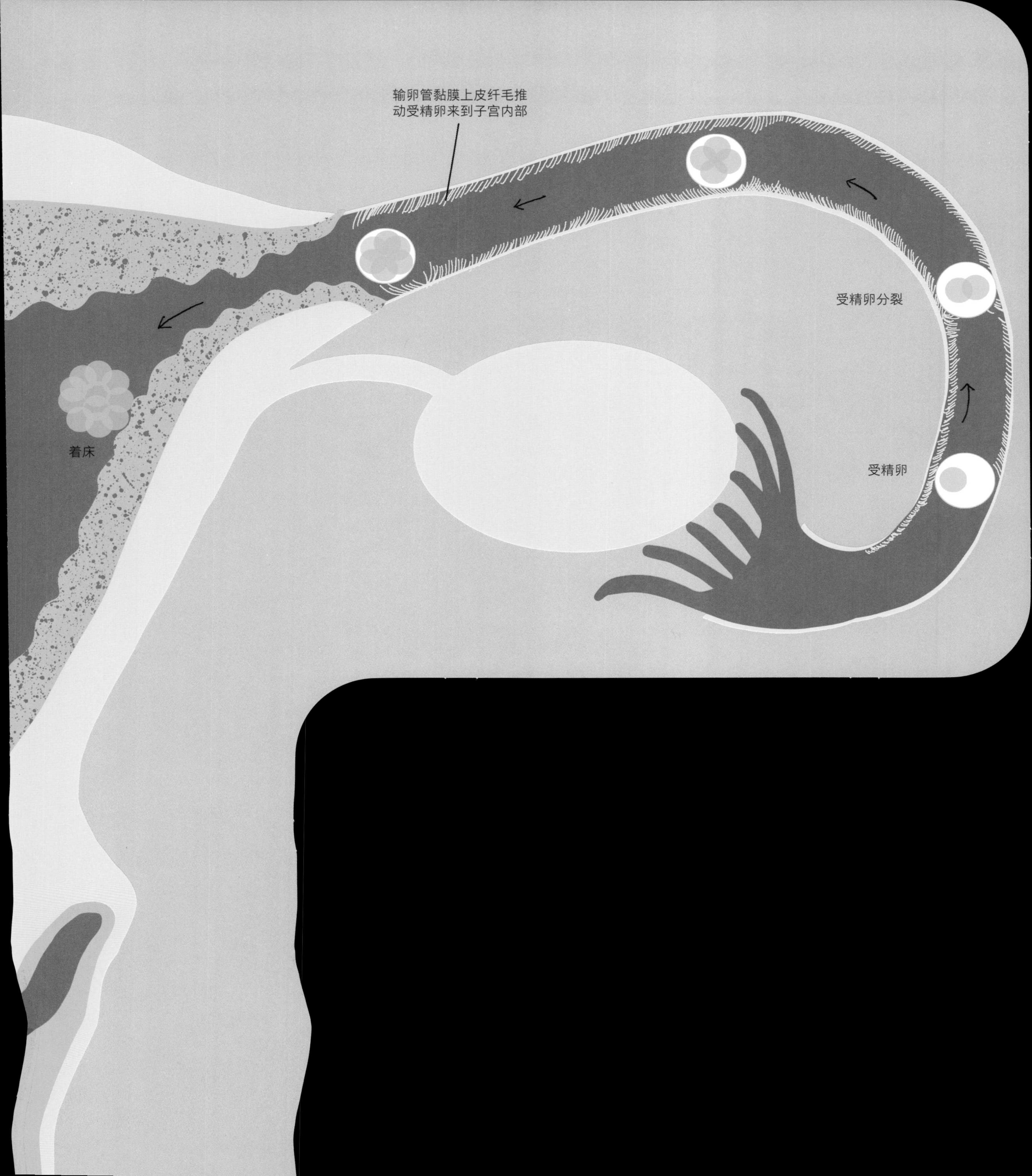

输卵管黏膜上皮纤毛推
动受精卵来到子宫内部
受精卵分裂
受精卵
着床

医学辅助生育（PMA）

对于某些夫妇来说，怀孕并不是那么容易的事情。尽管他们想要孩子，但总是怀不上。这可能是由于输卵管因病受损，也可能是因为精子太弱或者数量不够。此时，可以借助科学技术手段辅助生育。

人工授精

如果男性精子质量不高，可以先筛选出“最优”精子。女性卵巢在接受激素治疗后排出卵细胞，继而借助人工手段将挑选出的精子植入女性生殖道中。夫妻也可以求助于**匿名的精子捐献者**。

通过医学辅助生育孩子并不容易，这是一个需要付出很多精力和关爱的过程。

细胞分裂

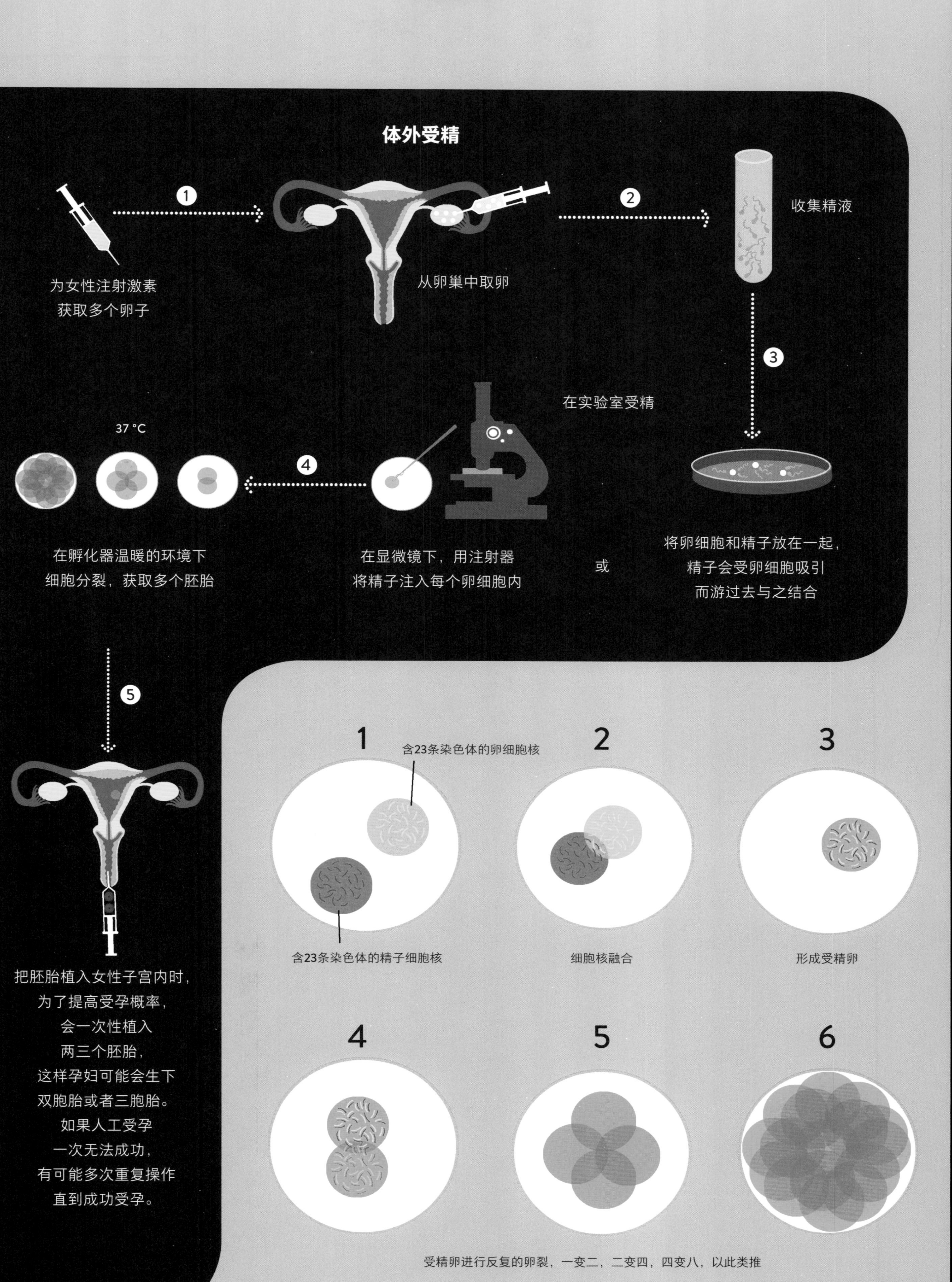

体外受精
1
为女性注射激素
获取多个卵子
从卵巢中取卵
2
收集精液
3
在实验室受精
37 °C
4
在孵化器温暖的环境下
细胞分裂，获取多个胚胎
在显微镜下，用注射器
将精子注入每个卵细胞内
或
将卵细胞和精子放在一起，
精子会受卵细胞吸引
而游过去与之结合
5
把胚胎植入女性子宫内时，
为了提高受孕概率，
会一次性植入
两三个胚胎，
这样孕妇可能会生下
双胞胎或者三胞胎。
如果人工受孕
一次无法成功，
有可能多次重复操作
直到成功受孕。
1
含23条染色体的卵细胞核
含23条染色体的精子细胞核
2
细胞核融合
3
形成受精卵
4
5
6
受精卵进行反复的卵裂，一变二，二变四，四变八，以此类推

染色体、DNA和基因

染色体

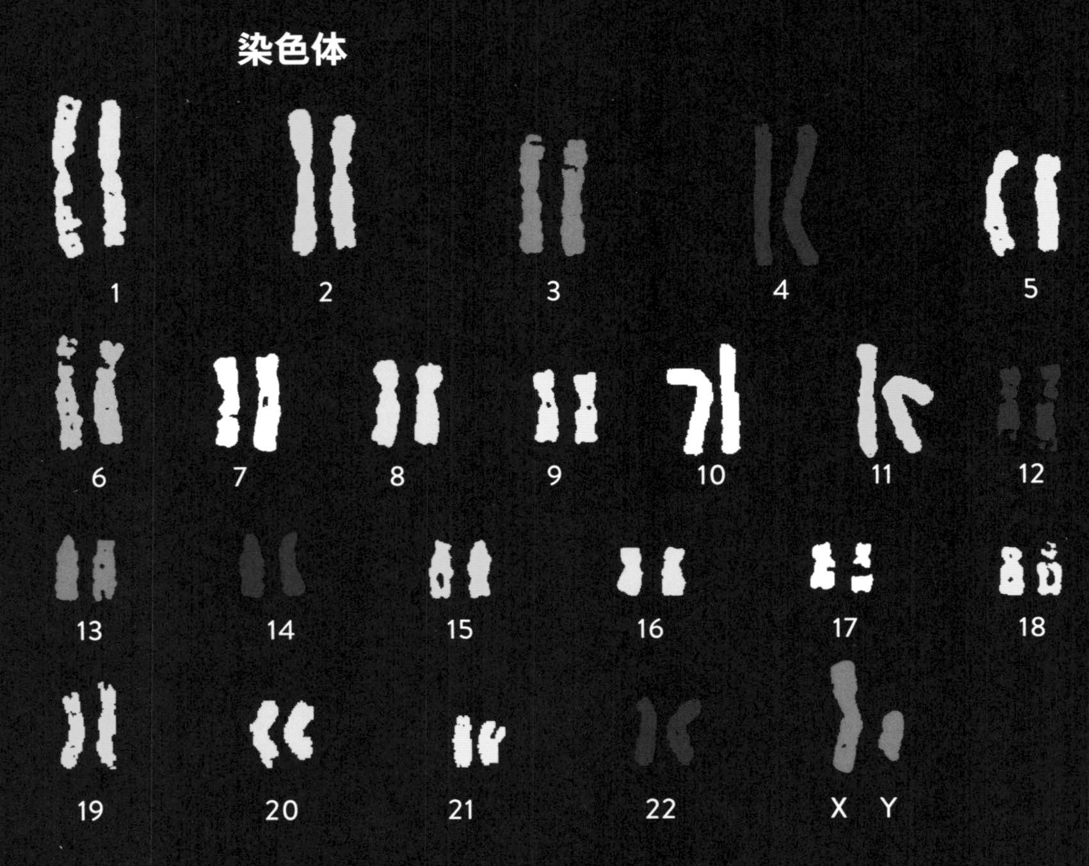

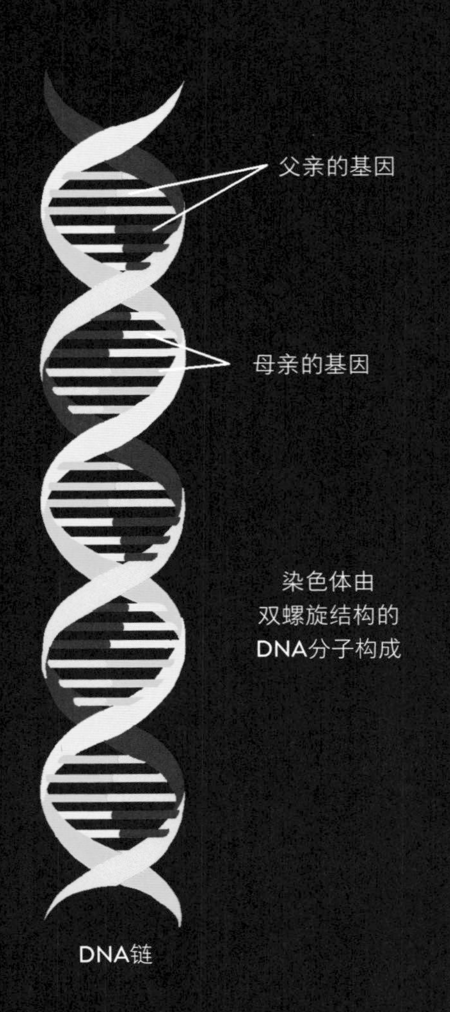

染色体群由23对染色体组成，每个人的染色体群都是独一无二的。
第23对染色体决定了胎儿的性别。上图第23对染色体是XY组合，婴儿的性别则为男性。

显性基因和隐性基因

父母的显性基因和隐性基因决定了孩子眼睛的颜色。
但是基因组合是复杂的，其他的基因也可能影响眼睛的颜色，
不同的组合方式产生了不同的颜色：棕黑、蓝绿、浅褐色……

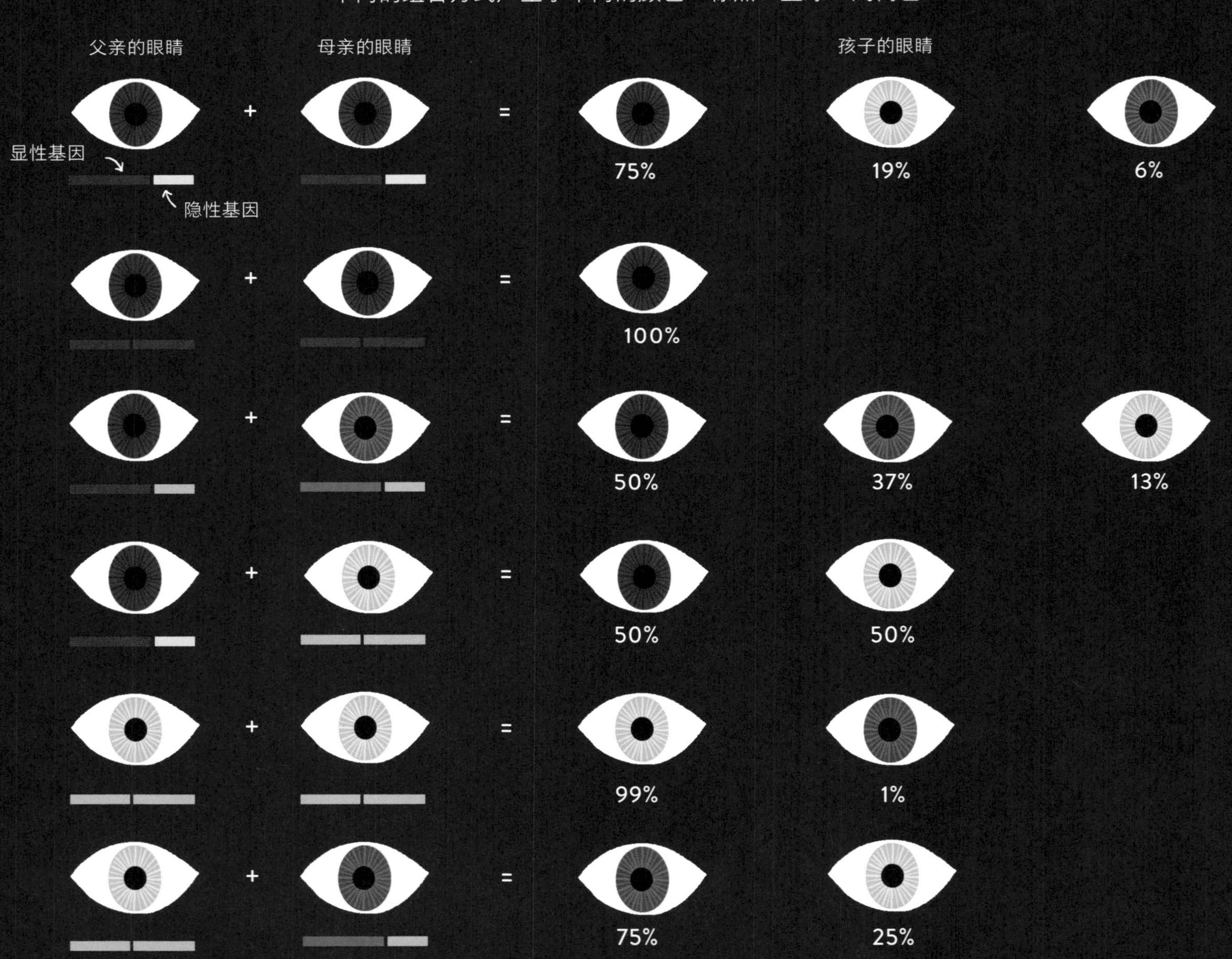

母体和父体染色体结合产生的受精卵携带着独一无二的遗传信息。

染色体由2条DNA链组成。DNA为**双螺旋结构**，其中包含我们的基因。每条**染色体**都有一对“复制本”，一个来自父亲，一个来自母亲。控制某种性状的**基因**通常是成对出现的，分别位于一对同源染色体的相对位置上。基因决定了我们的眼睛、身材、鼻子、手的形状……某些基因是**显性的**，某些基因是**隐性的**。显性基因具有优先权，例如：棕色眼睛是显性基因，蓝色眼睛是隐性基因，一个拥有蓝色眼睛的孩子必定是纯合隐性基因携带者。

独一无二的遗传信息

婴儿的性别由第23对染色体决定。

母亲是X染色体携带者，而父亲既可以是X也可以是Y染色体携带者，这两个染色体的组合决定了胎儿的性别：XX是女孩，XY是男孩。

受精过程中有可能会突发遗传变异，例如21三体综合征（即小儿唐氏综合征）。这种病症产生的原因是当细胞核合并时，多出来的第3条染色体嫁接到了第21对染色体上。胚胎总共有47条染色体，而不是46条。这条多余的染色体会导致孩子智力发育迟缓，以及身体发育异常。

拥有棕色眼睛的人占全世界人口的80%以上，全球范围内，蓝眼睛人口数量约占10%，而稀有的绿眼睛仅占2%。

每个人都拥有独一无二的遗传基因，但有一种情况例外，那就是**同卵双胞胎**。有时，受精卵在卵裂过程中，由于某种未知的原因，会分裂成两个实体，产生两个胚胎。因此，这两个胚胎具有相同的DNA。这两个婴儿大部分情况下是同一性别，并且在外表上非常相似。分裂的时间越晚，双胞胎的外形越相似。

双胞胎

异卵双胞胎的情况则不一样。母体排出两个卵子，每个卵细胞分别与一个精子相遇，单独受精，形成两个携带不同遗传基因的受精卵。因此，这两个婴儿可以是不同性别的，身体特征也可能不相似，就像是寻常的兄弟姐妹。但是婴儿的年龄相同，在出生前，他（她）们将共同在母亲的子宫中生活。

异卵双胞胎将在分别带有一个**胎盘**的两个**羊膜囊**中发育。而对于同卵双胞胎来说，受精卵一般在受精后2天内分裂成两个实体。如果分裂发生在第3天到第7天，胎儿将在两个羊膜囊中生长，但共享一个胎盘；如果分裂发生在7天后，胎儿会共享同一个羊膜囊和胎盘，但这种情况很少见。

双胎妊娠一直受到密切关注，因为胎儿的生长空间较小，存在早产风险。

同卵双胞胎具有相同的DNA，但他们的指纹并不相同。每个人的指纹是独一无二的，因为指纹的形状还取决于其他环境因素（胎儿在子宫中的位置、吮吸拇指的方式、触摸物体的方式……）。

双胞胎

怀孕

1个月

2个月

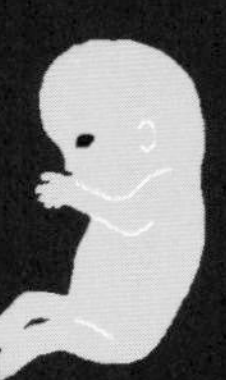

3个月

最开始，怀孕的迹象不是很明显。往往在受精3周后，当女性错过了当月的月经，她才发现胎儿的存在。还有一些其他迹象也可以帮助女性推断自己是否已经怀孕。为了胚胎在子宫内更好地着床，女性激素会发生剧变。孕妇的身体会分泌大量的孕酮，这是一种有助于将受精卵植入子宫的激素，孕妇会感到疲倦、恶心和乳房肿胀。在最初的几周里，胚胎的外形看起来还不像人类，不过是一个小小的物体，看起来像一只蜷缩起来的海马。

第1个月

随着胚胎逐渐开始发育，神经系统、大脑和脊椎初见雏形，血管也在同期形成。卵黄囊像气球一样与胚胎相连，为胚胎发育提供营养。然而卵黄囊的作用只是暂时的，等到胎盘和其他器官发育成熟后，它就会消失。

第3周，胎儿的心脏开始跳动，这是胚胎的第一个器官。胎儿心跳速度非常快，每分钟介于130下到160下，一般来说成人心跳为每分钟60下到100下。这时，胎儿的身体基本是由头和尾组成的，心脏占据了身体的大部分空间。不久以后，胚胎侧面会出现小芽，它们将发育成胳膊和腿。

4周大的胚胎

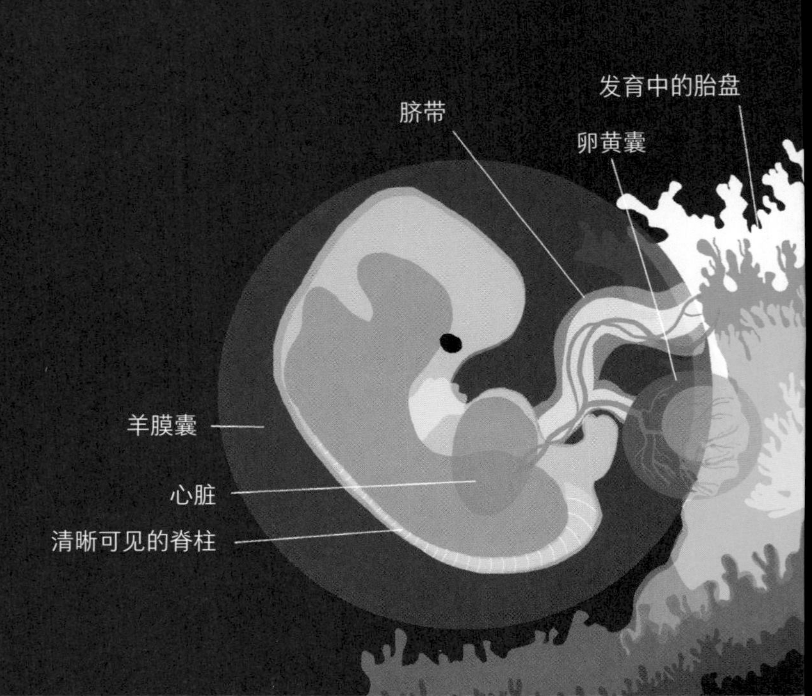

此时的胎儿和覆盆子一样大，约重5克。

第2个月

胎儿的关键器官都在持续发育中。大脑被分为两个半球，与身体相比，大脑占的体积非常大。

上肢逐渐成形，双手的轮廓清晰可见。下肢发育较慢，手指和脚趾仍呈蹼状。

胎儿的触觉、味觉、嗅觉和视觉开始发育；耳朵、嘴巴和眼睛初见雏形。胚胎能够在子宫内部自由移动。

胚胎在被称为**羊膜囊**的袋中长大，浸泡在充满温暖液体（即**羊水**）的透明大气泡中。由此可见，人类最初是水生动物！羊水将在整个孕期保护胎儿免受可能的外来袭击。

怀孕第4周，**胎盘**出现了。它是一个必不可少的重要器官，因为它可以使胚胎与其母体之间通过薄膜交换营养，而不会让它们的循环系统混杂在一起。胎盘通过丰富的静脉和动脉网绒毛固定在子宫壁内侧。

胎盘还可以充当**过滤器**。通过胎盘绒毛上皮的渗透作用，胎儿的血液与母体的血液进行交换，从中获取氧气和营养物质。胎盘可以屏蔽某些细菌和病原体，但不能过滤酒精、毒品或烟草。

胎盘还可以清除废物，例如二氧化碳或者胎儿肾脏产生的尿液。

胎盘细胞也储存了胎儿成长所必需的矿物质（例如铁、钙等），并为胎儿的骨骼发育提供支持。

脐带位于胎儿的肚脐和胎盘之间。胎儿通过脐带跟母体联结在一起。

脐带包含一条脐静脉和一对脐动脉：

•脐静脉负责将母体的氧气和营养物质输送到胎儿体内；

•脐动脉负责将充满二氧化碳的血液和其他代谢废物带回胎盘。

一种白色胶样物质把这些血管包围起来，起到保护作用。

整个孕期，脐带会一直变长，胎儿可以继续自由活动。怀孕末期，脐带总长度能达到大约70厘米。

随着胎儿长大，胎盘逐渐变得成熟。起初，它比胚胎要大，以满足其各项需求。怀孕5个月时胎盘基本就发育成熟了。

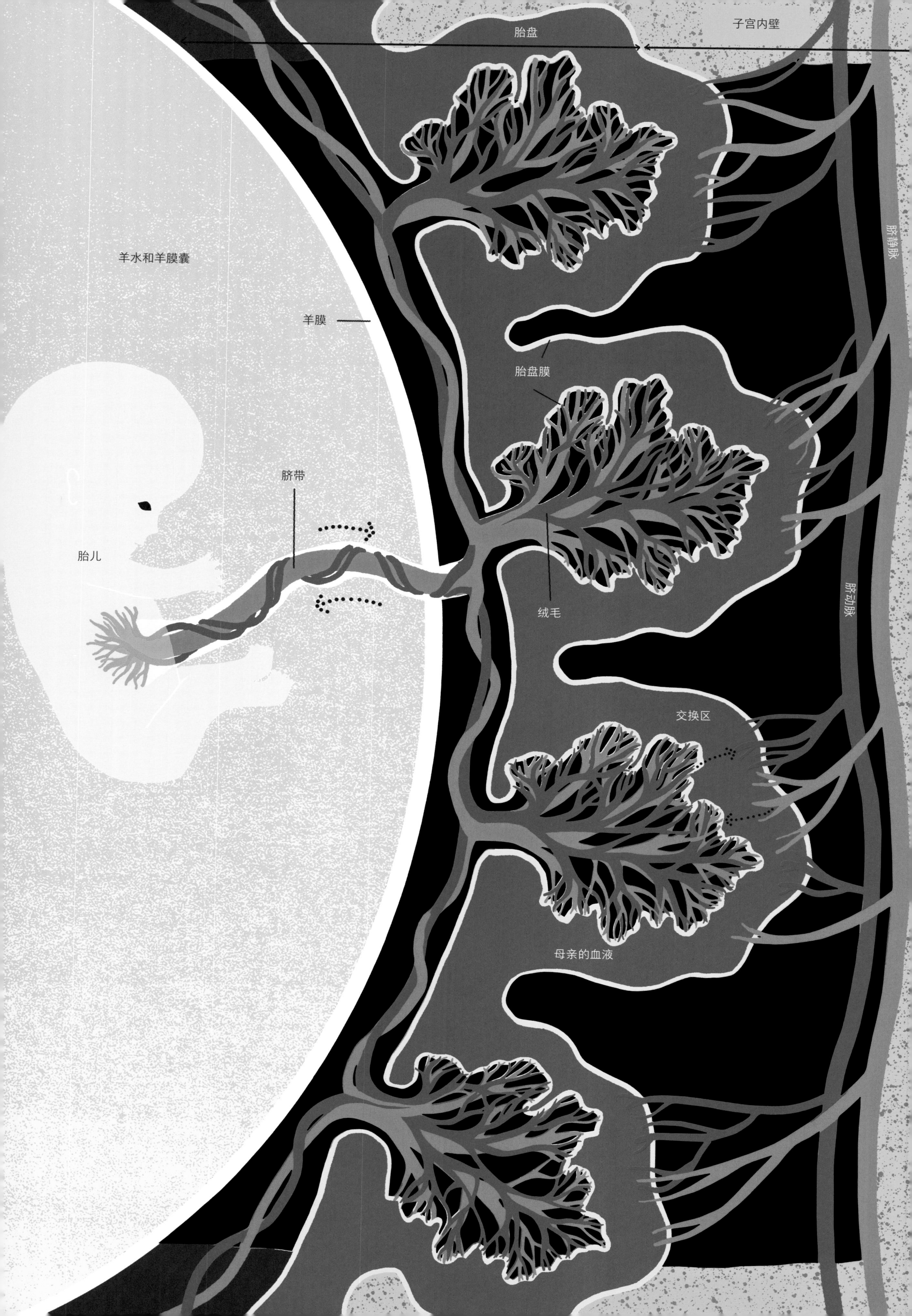
胎盘
子宫内壁
羊水和羊膜囊
羊膜
胎盘膜
脐静脉
脐带
胎儿
绒毛
脐动脉
交换区
母亲的血液

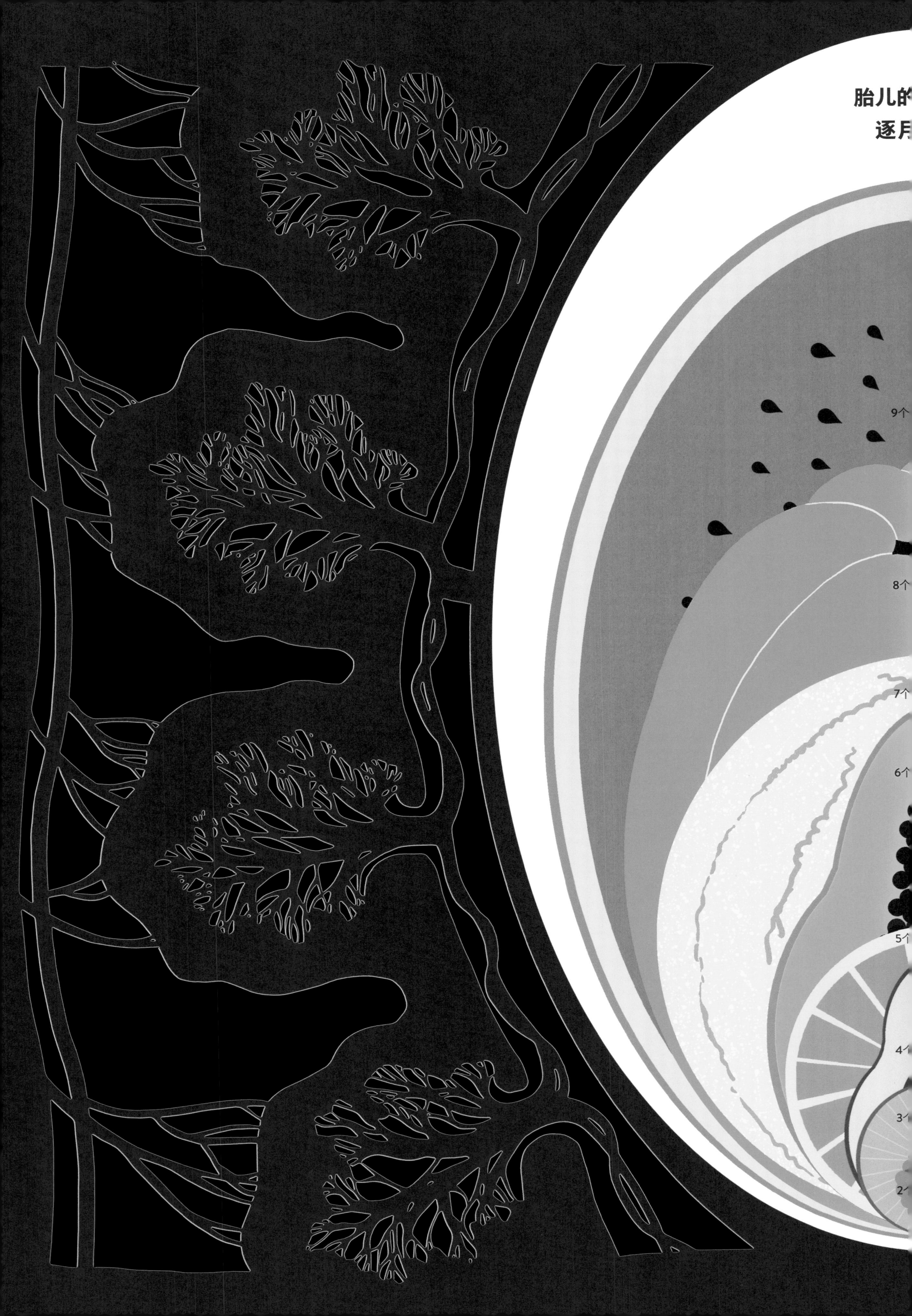

胎儿的
逐月
9个
8个
7个
6个
5个
4个

小
化

第10周是个重要的里程碑。在这个阶段，**胚胎**变成了一个胎儿，看起来像个迷你小人。胎儿的所有器官都在恰当的位置按部就班地持续发育，尽管大部分器官还很小，且尚未成熟。胎儿的小脑袋挺得直直的。

此时的胎儿和奇异果一样大，约重30克。

第3个月

在这个阶段，胎儿的脚和脚趾的形状清晰可见，腿也变长了。在整个孕期，双腿保持着非常灵活的状态，常常弯曲起来，留出尽可能多的移动空间。双腿尤其喜欢弹跳，不过母亲暂时还无法察觉到这些细微动作。

在第3个月，胎儿开始出现最初的条件反射，例如受到极微小的触碰后会自动合上手掌。

胎儿的眼睛发育出眼睑，能够对光做出反应，可以闭上眼睛。双眼要到第6个月才会重新睁开。胎儿的耳朵形状可见，但尚未有听觉。

胎儿肾脏发育成熟，可以小便，**生殖器官**也逐渐成形了。

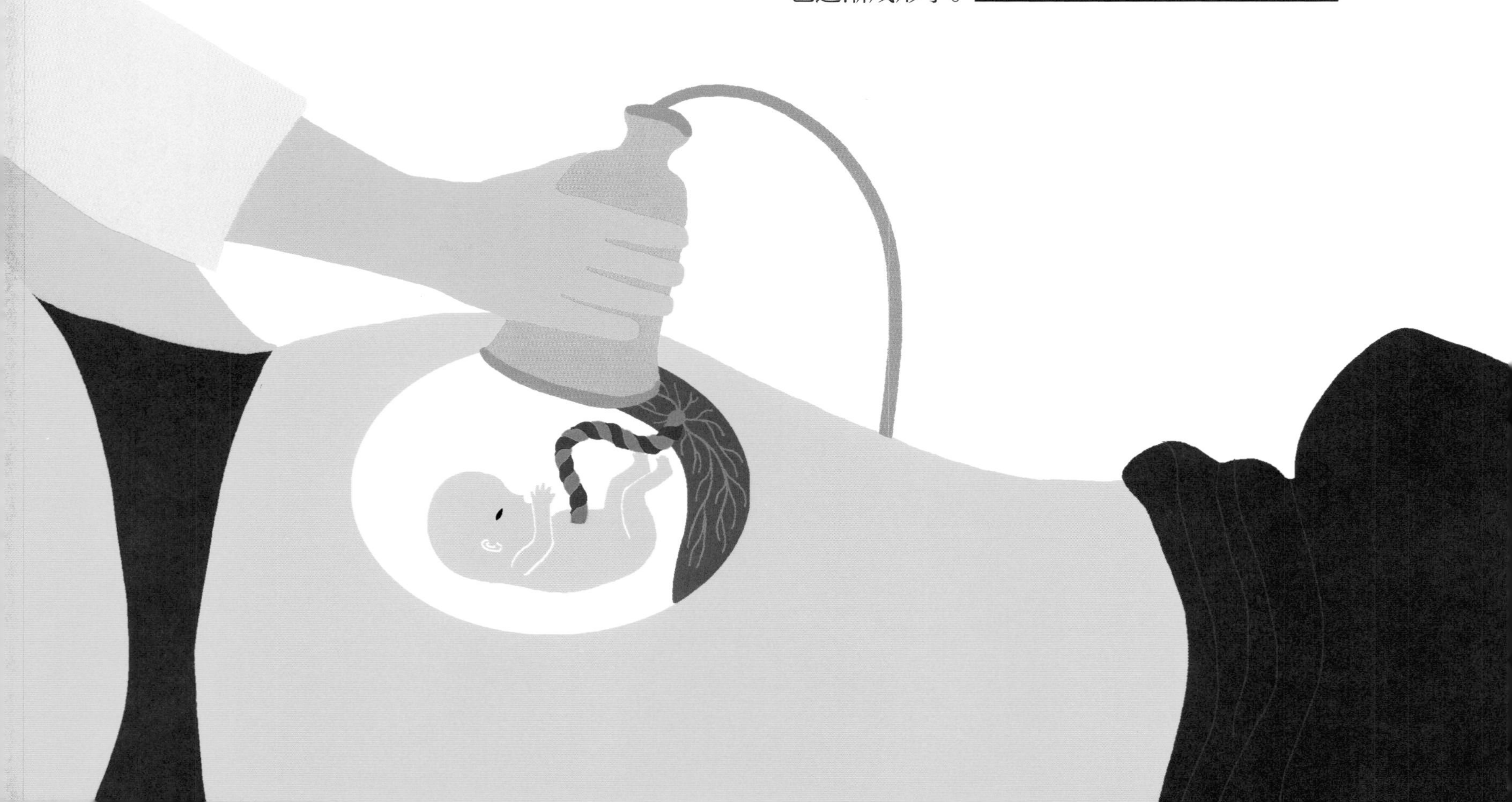

超声波检查

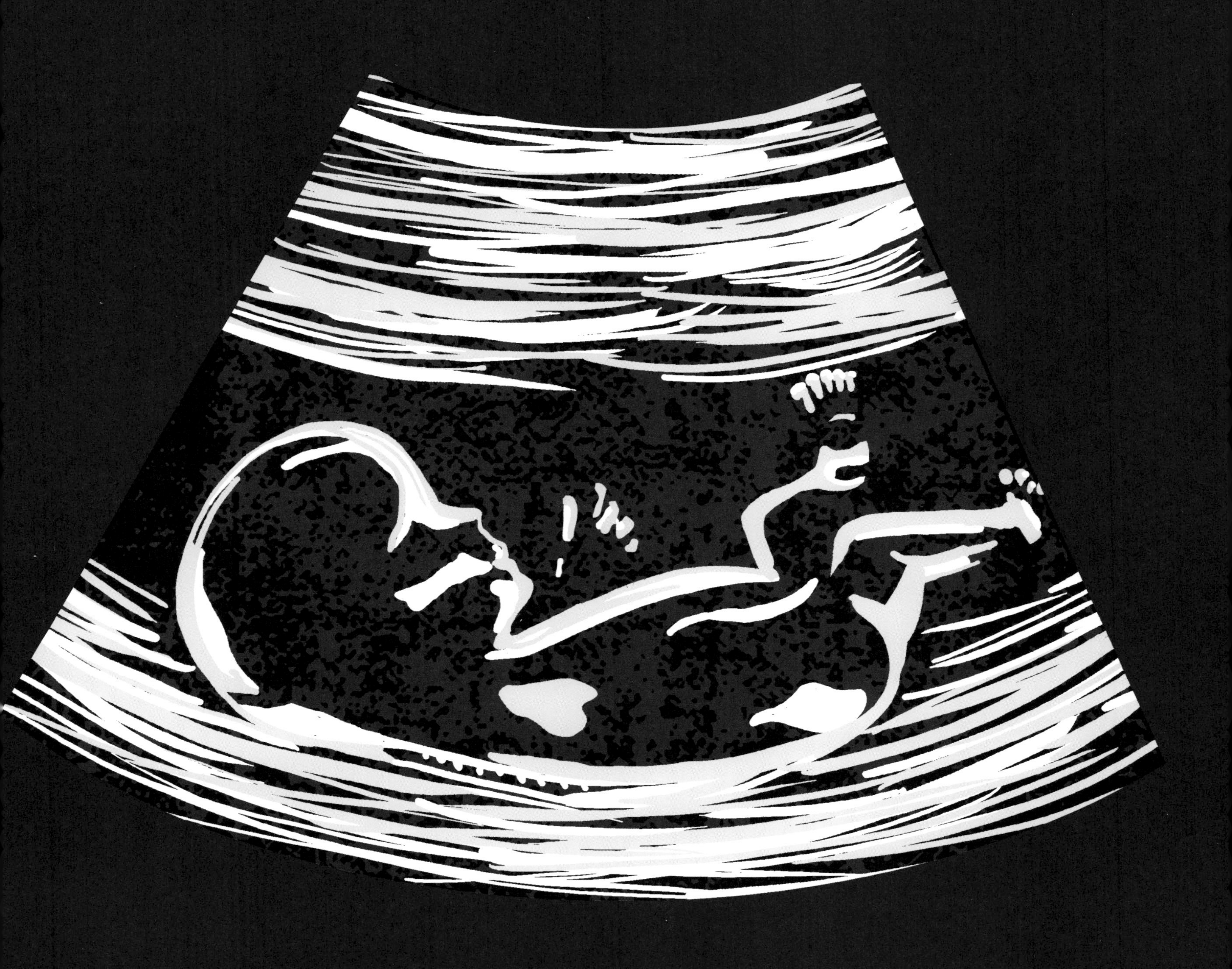

自20世纪70年代以来，人们一直使用超声或超声成像给孕妇做检查。这种技术可以让医生和准爸爸、准妈妈们在整个孕期持续观察胎儿的状况。医生将探针放在孕妇的腹部，我们可以在屏幕上看到胎儿的动静，听到心跳音，并检查其他器官的发育情况。孕妇至少要在孕期第3个月、第5个月和第7个月时各进行1次超声波检查。

胎盘和子宫持续增大。

此时，羊水量随着胎儿的生长而有所增加，因此胎儿可以更轻松地在子宫内移动。胎儿的运动受控于其神经系统。孕妇在第4个月到第5个月之间第一次感觉到了胎儿的脚踢。

胎儿的身体表面布满了绒毛、**胎毛**、油脂和**胎脂**。胎毛通常在出生前就消失了，但胎脂在出生后的头几个小时内还会附在皮肤表面，起到保护作用。

此时的胎儿和牛油果一样大，约重100克。

第 4 个月

胎儿打着哈欠，握紧拳头，对触摸有感应，可以感知母亲在腹部的爱抚。此时胎儿的性器官已经形成，骨骼也成形了，变得更加坚硬。因为胎儿的皮肤很薄，所以我们可以透过皮肤看清上肢和下肢的骨骼。胎儿的头骨发育完整，可以更好地保护大脑。

此时的胎儿和柚子一样大，体重约在200～400克之间。

第 5 个月

胎儿的动作幅度越来越大，可以用手抓住脚部或者脐带。胎儿通过吮吸拇指来练习吮吸反射，还可以吞下羊水和打嗝。指甲和头发也渐渐变长了。

胎儿可以辨别母亲说话的声音，清楚地听到母亲体内的声音，例如心跳声和腹部的“咕噜”声。

可见子宫内的生活并不是一片寂静的呢！

运动中的胎儿

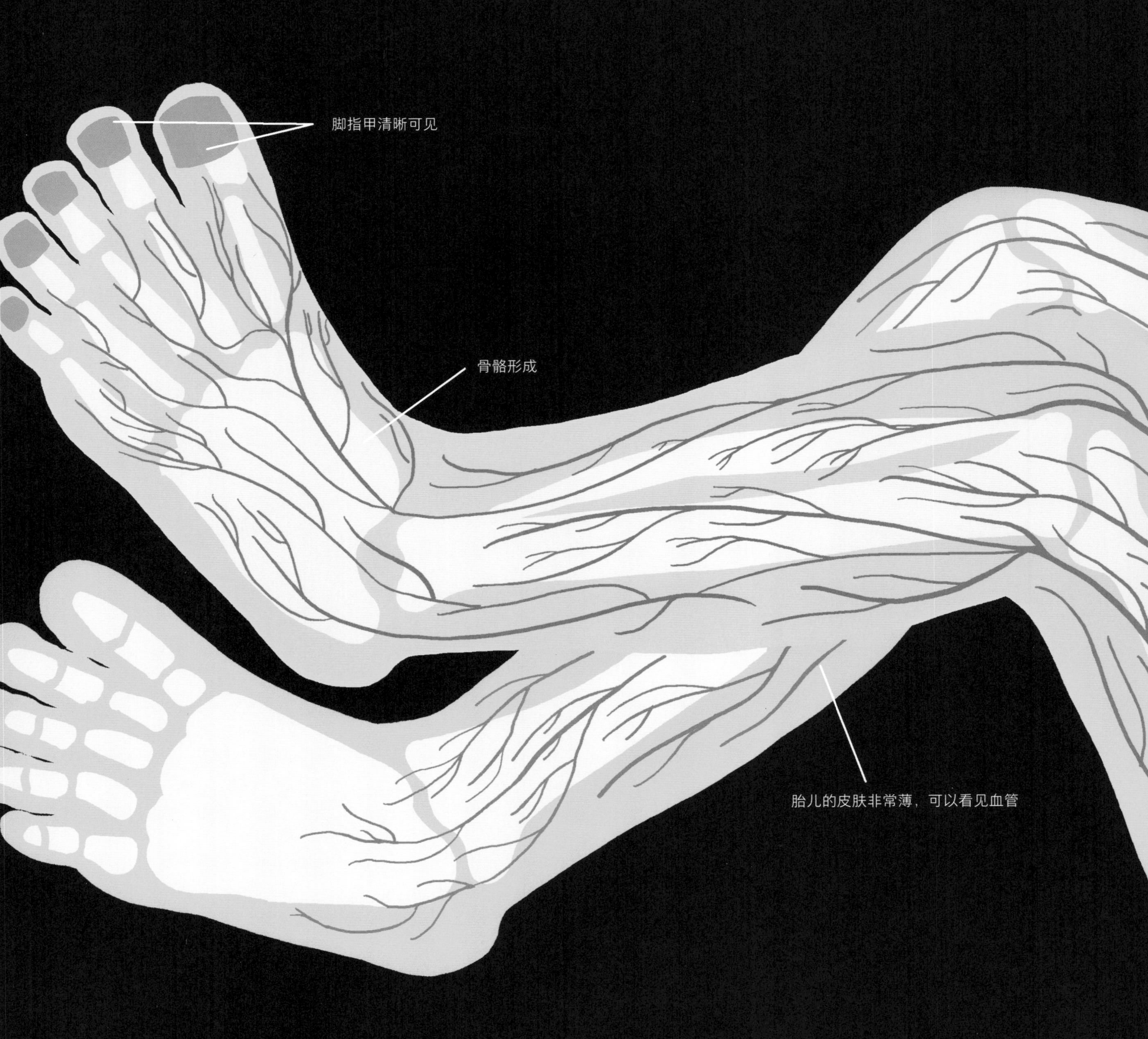

脚指甲清晰可见
骨骼形成
胎儿的皮肤非常薄，可以看见血管

胎儿的睡眠时间很长（每天大约20个小时），但其余时间非常活跃。胎儿的所有感官都在迅速发育。

此时，胎儿的眼皮终于睁开了，可以感知光线，能够识别白天和黑夜。胎儿的脸也几乎成形了。

孕期**第25周**，同样是一个重要的里程碑。如果母亲在此时分娩，胎儿也能够借助当今的**技术**存活下来。

怀孕周期一般为40周，但是有时候胎儿会**早产**。

此时的胎儿和木瓜一样大，体重约在650～800克之间。

第6个月

如果胎儿在**第33周到36周之间**出生，将需要几天的特殊护理，但很快就会适应外面的世界。可如果胎儿在**第25周到32周之间**出生，由于个头很小，情况就复杂多了。早产儿无法自主饮食，甚至无法呼吸，因此需要被安置在医院的**恒温箱**中。恒温箱是一种大型的透明盒子，装有类似舷窗的圆形窗户。恒温箱的温度与子宫温度相同，同时还能够防止外部感染。早产儿可以通过管饲进食，接受氧气支持。父母可以来见宝宝，陪伴在他（她）的左右。等到婴儿能独自呼吸，且吸乳情况良好，就可以出院了。

早产

胎儿开始积聚皮下脂肪，每周增重200克。

除了肺部之外，所有器官现在都已经发育成熟。肾脏运转良好，羊水中混有尿液，每6小时更新一次。胎儿会小便，但是消化系统尚未激活，因此不会大便。

胎儿感官敏锐，**经常吮吸自己的大拇指**。味蕾从第4个月或第5个月开始变得活跃。第7个月，有关味觉的信息与神经系统相连，胎儿通过吞咽羊水发现了不同的口味。羊水的味道会根据孕妇的饮食而改变。如果羊水很甜，胎儿会特别喜欢，并且吞咽得更快。

此时的胎儿和甜瓜一样大，体重约在1.2～1.5千克之间。

第7个月

准父母在爱抚准妈妈的肚皮时，胎儿与他们的互动越来越频繁，时而移动，时而踢腿。

现在胎儿的眼皮可以动了，开始定期眨眼。胎儿能感知到光，以及光线强弱的变化。但是，妈妈的肚子会挡住光线，因此即使在阳光直射下，胎儿也不会眼花！胎儿的睡眠/苏醒模式变得愈发规律，研究人员认为胎儿开始做自己的第一个梦……

胎儿对周围的声音越来越敏感，除了母亲的说话声和心跳声以外，还可以听到其他外部的声音，尤其是像父亲说话那样低沉的声音。胎儿还会扭动身体对音乐做出反应，并在子宫内发展听觉记忆。有些观察表明，婴儿出生后，还能够识别出经常在妈妈肚子里聆听的旋律。

感官发育

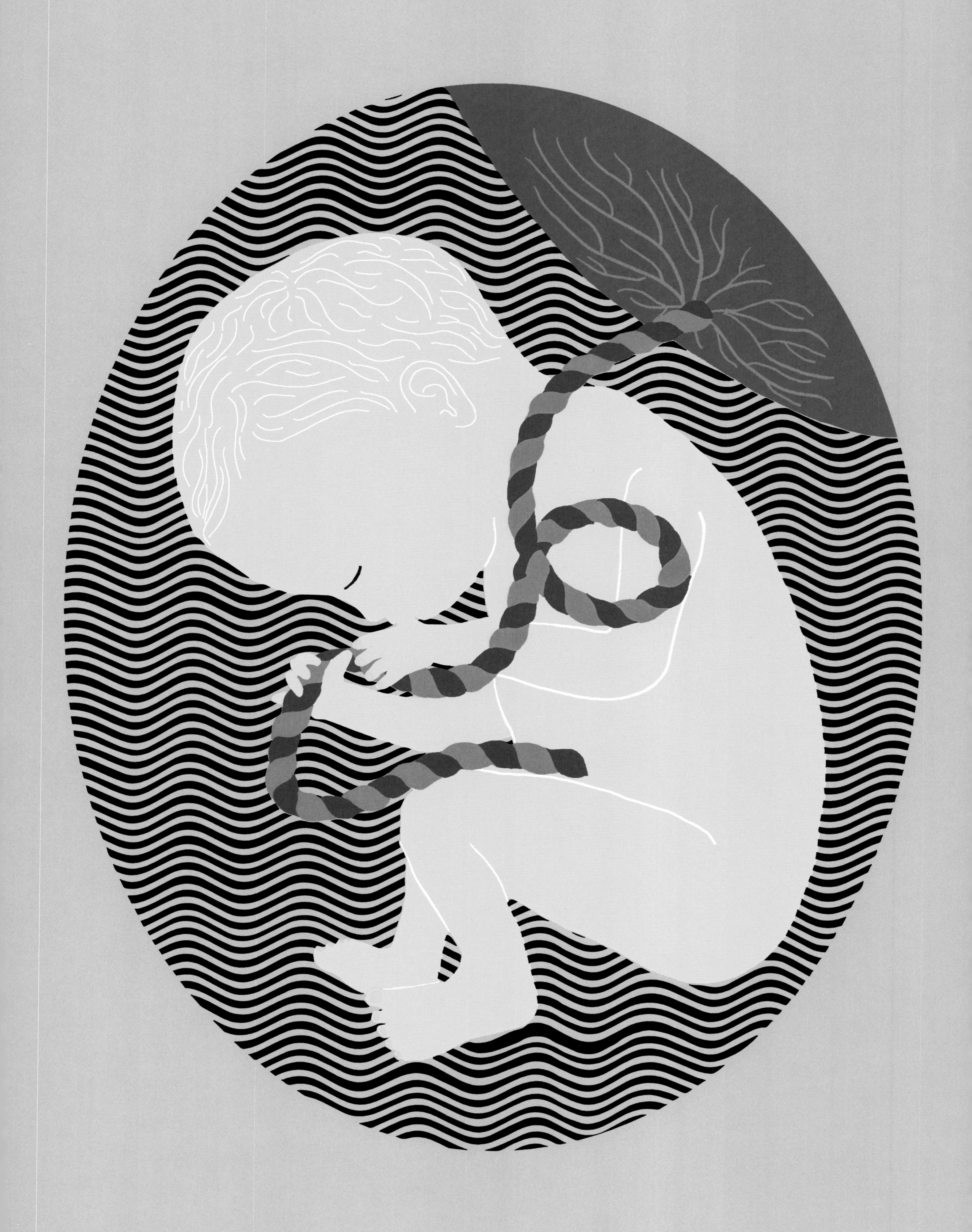

胎儿的真实大小：第7个月月末，长约37—40厘米。

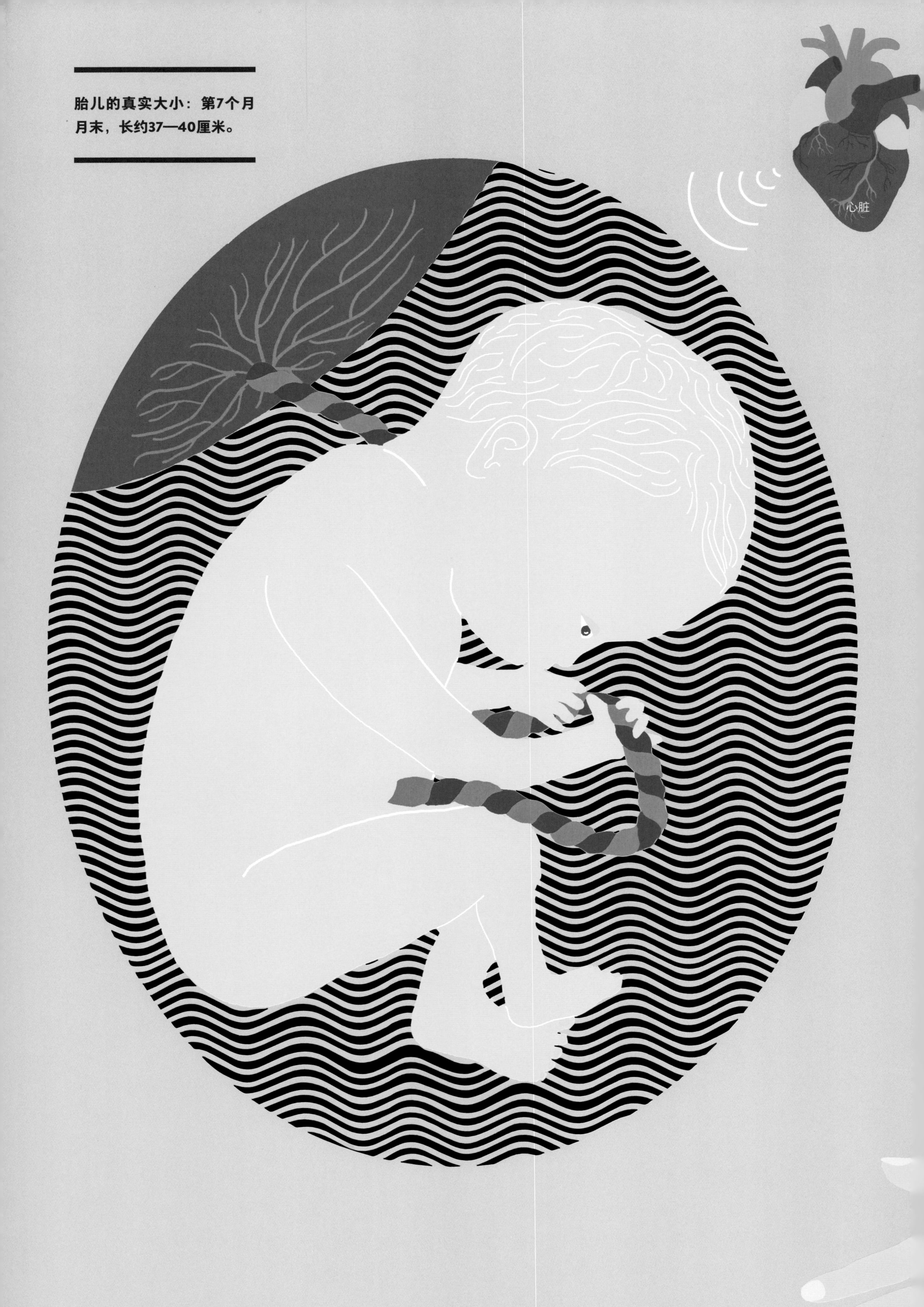

胎儿可以识别不同的声音和音调，以及不同的情绪。

胎儿在母亲体内可以识别内部和外部声音，外部声音的音量会被羊水缓冲掉一部分。如果外部声音确实过大，胎儿会心跳加速，还会眨眼睛。

胎儿变得越来越大，一个月可以增重500克，子宫内部空间显得愈发拥挤。

肺部在过去的几周内进一步发育，其他器官正常运转，骨骼也在继续生长。胎儿的肠子内部粪便堆积，**胎粪**在出生后的几天内会排空。

此时的胎儿和小南瓜一样大，体重约在2～2.5千克之间。

第8个月

胎儿为母亲的分娩做好了准备工作：

•胎儿转身头朝下，这是理想的分娩体位。

•胎儿的颅骨没有完全闭合，颅骨之间的缝隙被称为**囟（xìn）门**。由于有这样一个缝隙存在，胎儿的头骨可以稍微变形以穿过骨盆。

对于孕妇来说，孕后期这一阶段很辛苦。不仅子宫占据了大量空间，挤压到其他器官，而且血量增加，心跳变快，呼吸频率也加速了。在过去的几个月里，孕妇的乳房逐渐增大，做好了泌乳的准备。

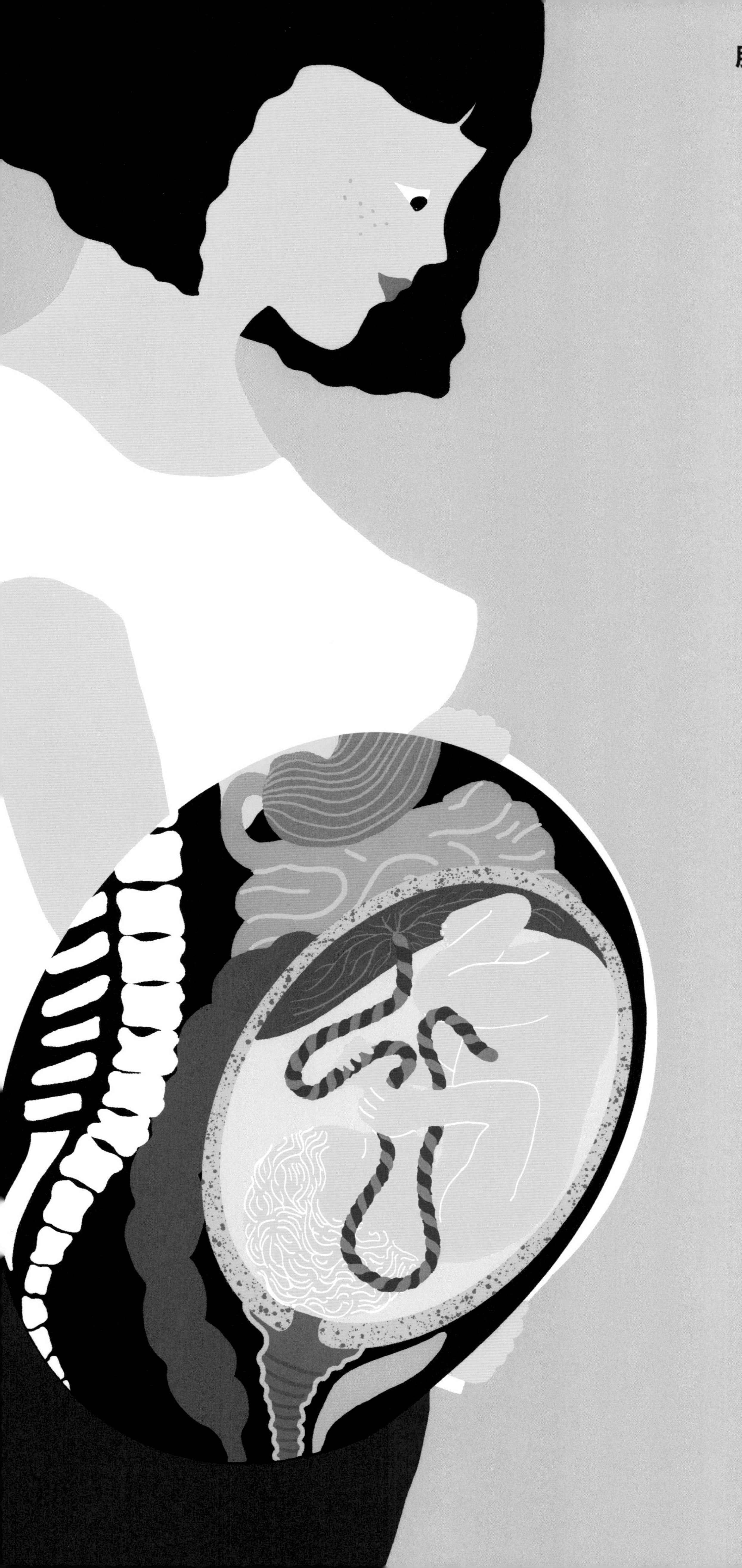

胎儿头部朝下

此时的胎儿和西瓜一样大，
平均身长50厘米。
到第9个月末，胎儿的体重约在3.2～4千克之间。

第 9 个月

胎儿的模样越来越漂亮，皮下脂肪继续积累，双颊变圆。在最后一个月，胎儿的体重可以增加约900克。

胎儿占据了整个子宫，几乎无法移动，随着分娩日越来越近，胎儿还会分泌一种生产激素。

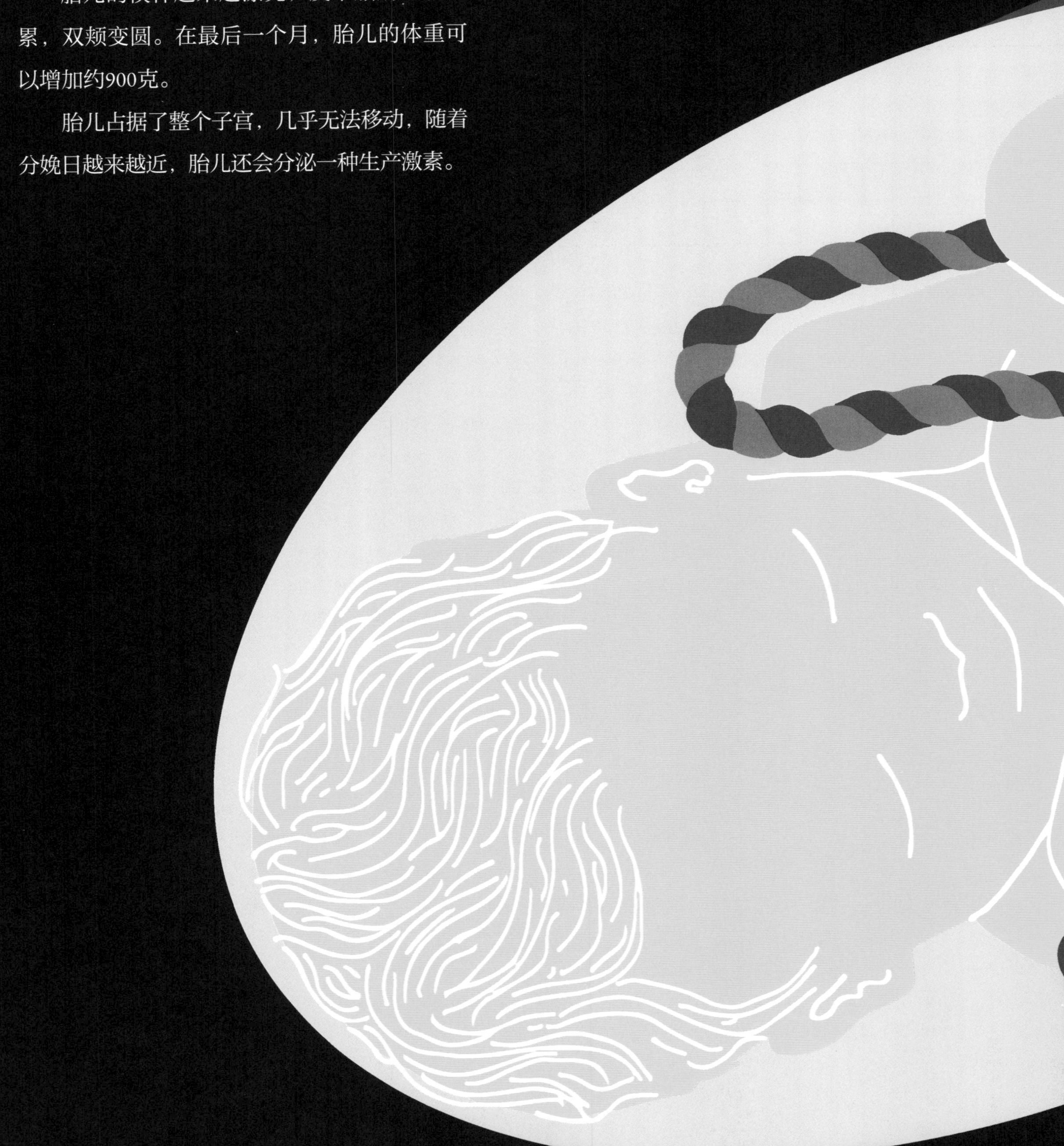

胎儿的实际大小

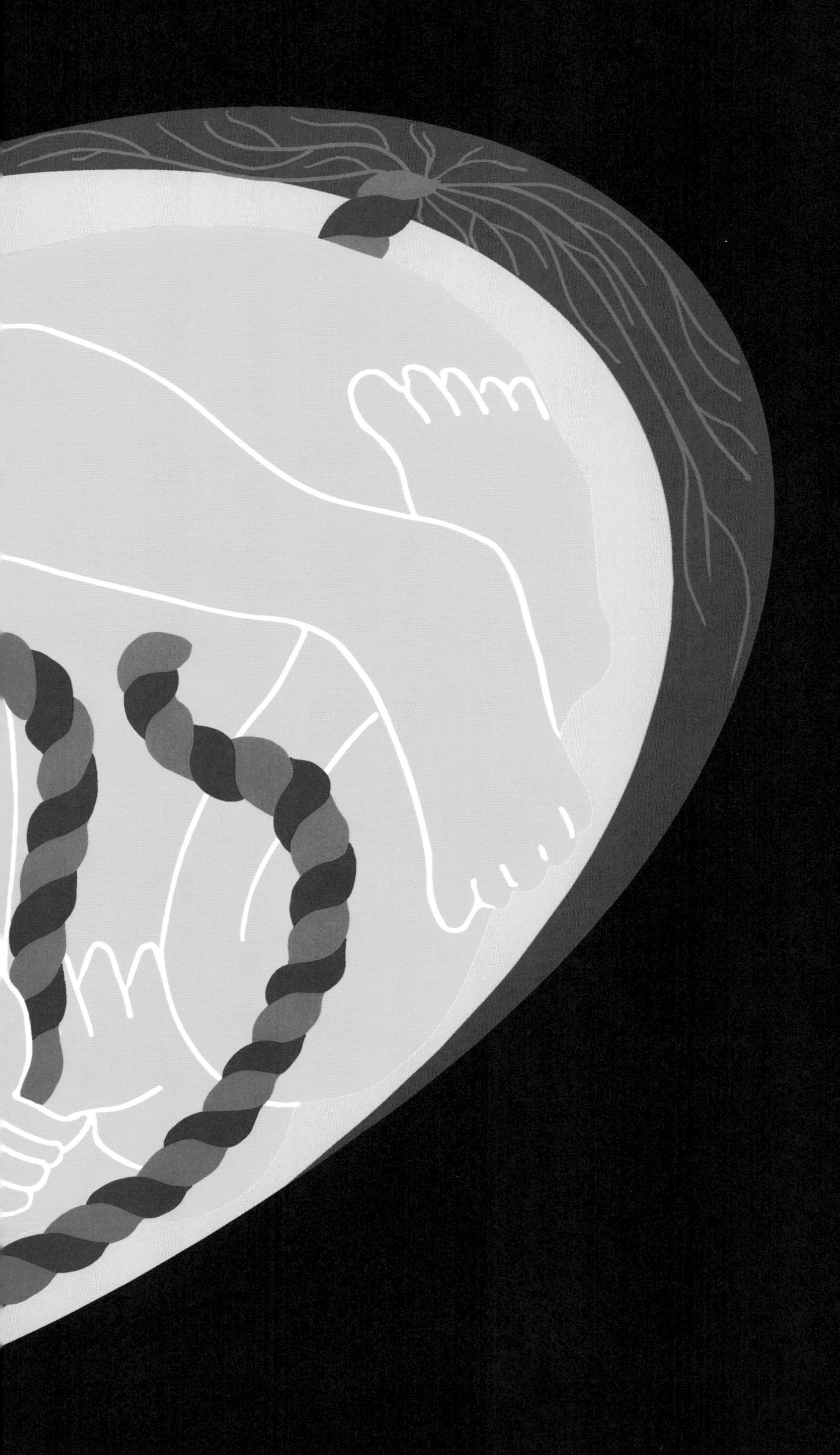

分娩

分娩通常发生在孕期第38至第42周之间。一开始，准妈妈会感觉到**宫缩**，即子宫突然收缩，然后放松。随后，宫缩变得规律且痛苦，分娩就即将开始了。在宫缩的作用下，宫颈口会进一步打开，从1厘米张至10厘米，直至可以容纳婴儿的头部通过。子宫较强的收缩力及水分的流失，使胎膜在压力作用下破裂。

宫颈口张开后，宫缩使婴儿滑进骨盆，然后再进入母亲的阴道。母亲借助宫缩把婴儿往外推。

婴儿的头部先出来，然后是肩膀和身体。助产士和医生会在现场协助母亲分娩。新生儿的肺部首次发挥作用，使他（她）发出第一声啼哭，帮助婴儿扩张气道，并将黏液从气道排出。

婴儿出生以后，可以正常呼吸，不再需要脐带。医护人员会用钳子把脐带夹紧，然后由助产士将它剪掉。如果父亲愿意的话，也可以由父亲来剪掉。脐带没有神经，剪掉脐带不会使婴儿感到疼痛，婴儿身上会留下疤痕，也就是肚脐。

覆盖胎脂的婴儿被放置在母亲的肚皮上。母亲进入分娩的最后阶段，排出胎盘。

如果婴儿个头儿太大或没有头朝下，导致臀部下垂或脚部先出，则不能从阴道分娩。在这种情况下，妇产科医生会在手术室中进行**剖宫产**。剖宫产就是在母亲的小腹上切开一个切口，直接从子宫中取出婴儿。母亲的下半身已经麻醉，不会有任何感觉。但是由于产妇在剖宫产术后要接受特殊护理，她还需要在医院再多住几天。

新生婴儿保留了一些原始反射，比如吮吸、紧抓、脚趾弯曲。如果人们扶住婴儿的腋窝，他（她）甚至会自动走几步……这些都是婴儿在子宫内非自愿的自发举动。大约3个月后，这些反射会变得受控且带有目的性。

出生之后

婴儿出生时的第一反射是吮吸。他（她）出自本能去觅食，自觉地移向母亲的乳房。在孕期，妈妈的乳腺已准备好泌乳。婴儿通过吮吸来激活腺体，使其泌乳。刚开始几天，婴儿会吸吮到一种稀少的黄色初乳，内含丰富的营养和抗体，可以保护自己免受外界感染。然后，初乳逐渐被母乳替代。母乳按需喂养即可。在出生后的最初几个月里，婴儿可以只食用母乳。

如果母亲不能哺乳，或者不希望母乳喂养，在当今社会也不是难题，人们还可以选择配方奶粉，即一种包含婴儿成长所必需的营养物质的代乳食品。最初几个月，大多数婴儿不知道昼夜差异，他们平均每天睡16个小时，做梦的次数是成人的两倍。他们会啼哭，并需要定时喝奶，即便在晚上也一样。哭泣是婴儿与其他人进行交流的一种方式，虽然没有语言来得直接，但是大人能迅速区分出不同的哭声类别，判断婴儿的需求或身体不适的程度。

哺乳

婴儿的不同感官并不是同步发育的。

触觉是新生儿的第一种感官，婴儿一出生就能感知物体。他们主要通过触摸和把物体放在嘴里来感知物体的质地、大小、形状。

嗅觉对新生儿来说尤其重要。婴儿能够分辨出几种气味，比如母亲的味道和母乳的味道，这些味道使婴儿感到放心和安慰。

新生儿的五种感官

婴儿一出生就有味觉。胎儿还在子宫里就对甜味有明显的偏爱，并且对苦味有负面反应。

婴儿的听力也很好，可以识别在子宫内听到的声音或音乐。他们能将声音、单词及其意义简单地关联起来，这种能力在后期会进一步得到发展。婴儿通常在12—36个月内学会讲话。

然而，婴儿的视力还需要一整年的时间才能发育完善。这是胎儿在子宫中发育出的最后一种感官，因为胎儿住在相对黑暗的地方。■

大多数法国婴儿出生时都有着蓝灰色的眼睛。出生后的第一年，虹膜的颜色会发生改变，并在12—18个月之间定性。眼睛黑色素的浓度因人而异，大部分法国人的眼睛最终会变成蓝色、绿色或棕色。

视觉

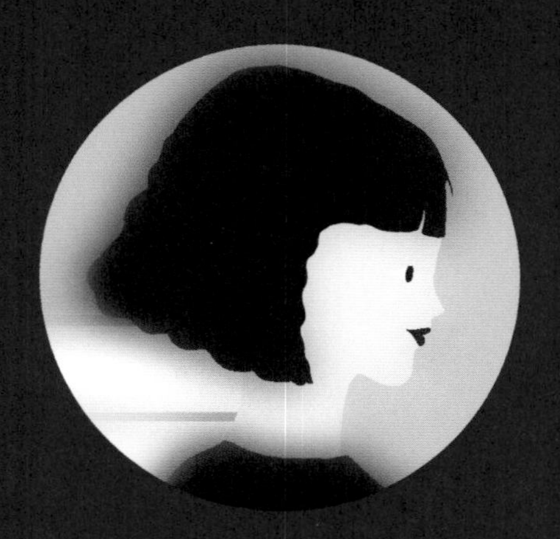

最初几周，新生儿只看得见黑白，视野范围非常局限，
大概是直径25—30厘米内的范围，看到的景象也是模糊的。

到了2个月时，婴儿可以辨别颜色，首先是红色。婴儿的视线可以跟着物体移动，
还能感知更多的颜色和细节，视野范围逐步扩大。

第5—6个月，两只眼睛协调一致，可以看到三维的画面，还出现了景深。
婴儿可以感知的颜色数量增加，但是更加偏爱亮色。

第6—12个月，婴儿的视野范围进一步扩大，看得越来越远，能捕捉更多细节，色域大大丰富。

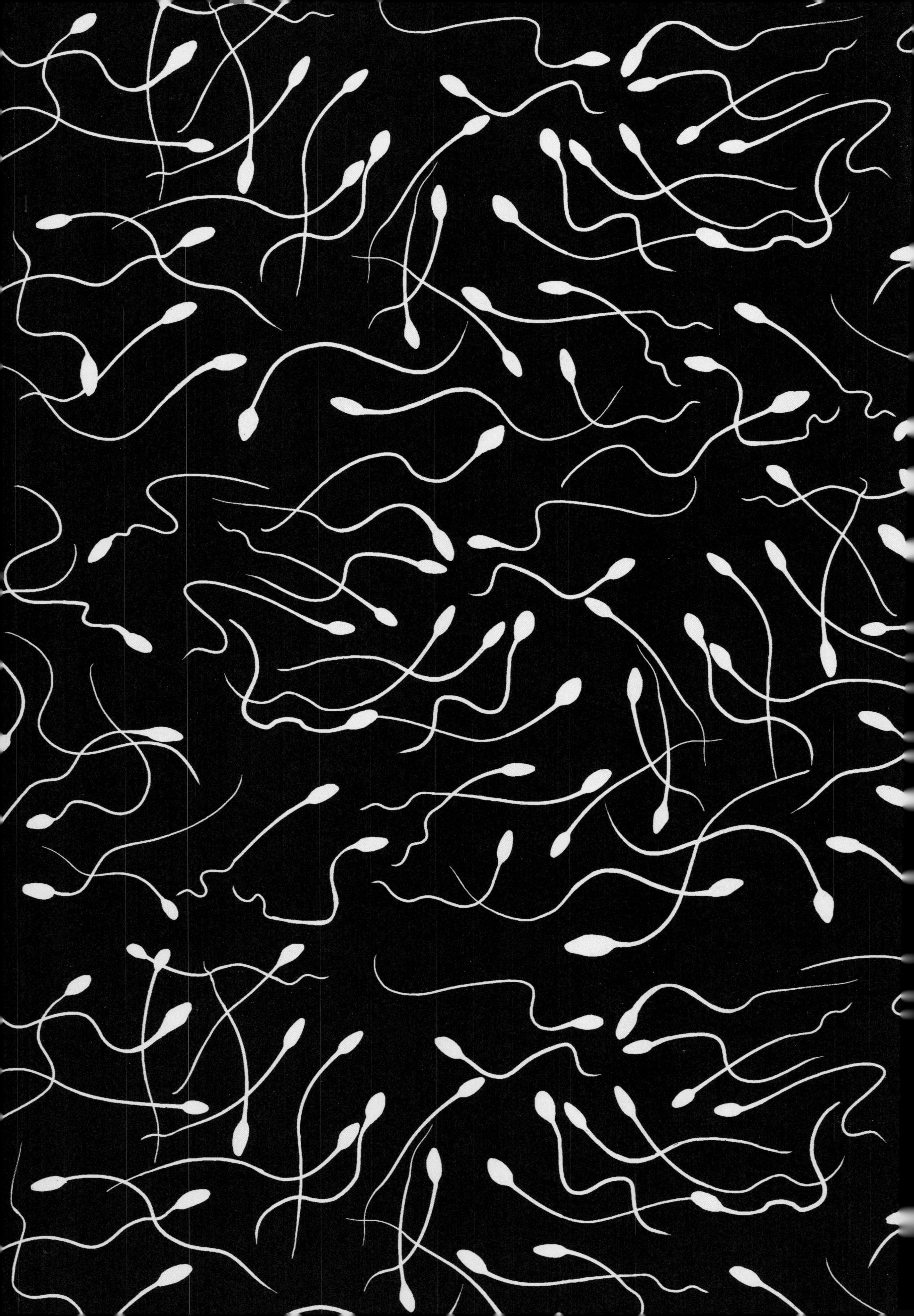